This book belongs to

這本書屬於:

_____

U0130571

醫院小夥伴

作者/插畫：李揚立之醫生　　　Author/Illustrator: Dr Lucci Lugee Liyeung

序
foreword

其實，一直想畫一本這樣的書很久了，
終於都的起心肝完成啦。
每天都在醫院遇見很多小朋友，
當中有些都充滿着問號，
或者對醫院有一定的抗拒，
一直都有想過如何用一個輕鬆活潑的方式
令他們明白醫院並不是一個可怕的地方。
其實每位入院的小朋友背後
都有他們的一個小故事。
希望此書可以透過插畫，
減低小朋友對醫院的恐懼。

🌐 http://dumo.art

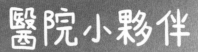

目錄
Table of Contents

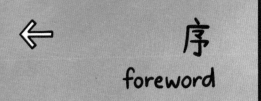

骨科部門
department of orthopaedics & traumatology →

大家好，我是森森，今年六歲。

我甚麼也不害怕的喔，

因為我是一名超人！

我最喜歡在公園玩馬騮架，
因為可以好像在空中飛翔！

那天，我如常地在馬騮架玩耍，

還在空中翻了一個筋斗呢！

哎呀，一個不小心……

好痛……

我想，我的左手蹲應該受傷了……
不能玩啦，只好回家啦……

回家後我都不敢把這件事告訴媽媽，
可是媽媽見我吃飯時多麼論盡，
很快便發現我左手踭受傷了。

我哭着告訴媽媽整件事的經過，
媽媽擔心我可能斷了骨，
要帶我去醫院看看醫生。

到了急症室後，

醫生轉介了我上骨科病房，

有護士等等病房職員來迎接我們，

還給我戴了一個印有我名字的手環。

沒多久後，
獵豹骨科醫生 Dr. Dumo 來到我床邊，
小心翼翼地替我的左手睜作檢查。

Dr. Dumo 看了看我的X光，

發現原來我真的有骨折啊。

他告訴我，

是我跌落地着陸的時候，

強大的衝力導致左肱骨末段骨折。

肱骨

尺骨

橈骨

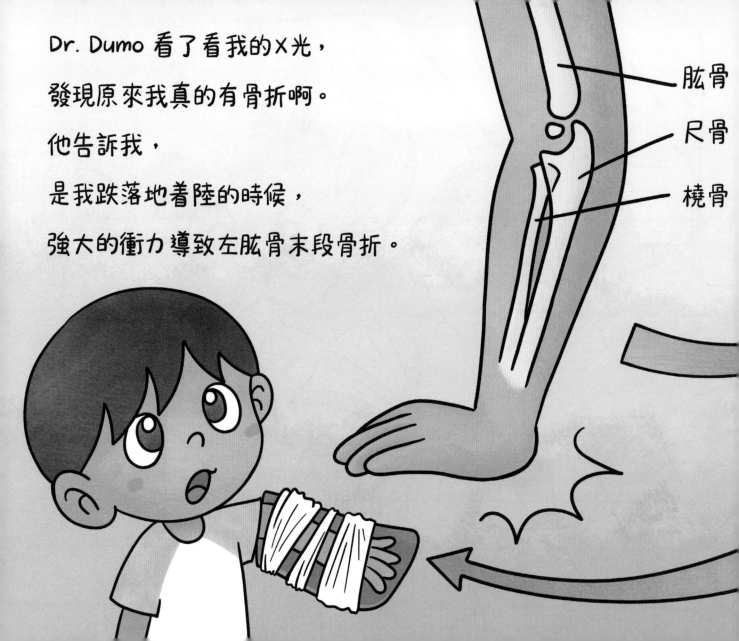

原本是完整一條的肱骨，

因此斷開了兩截！

怪不得那麼痛啦！

Dr. Dumo 建議替我做一個簡單的手術，
於手術室把骨折復位再用鋼針鞏固着。
期間會照着X光的。

他又安慰我和媽媽，
說這種傷很常見的，
及早醫治通常可以完全康復。
我和媽媽都完全明白了。
可是因為我還是小童，
所以媽媽便替我簽了
手術同意書。

輪到樹懶麻醉科醫生 Dr. Sprint 來看我了。

他負責在手術室裏為我全身麻醉，

還在我手背塗上了一些神奇藥膏，

這樣打針的時候就不會痛哦。

餓着肚皮數小時，

終於見到高大又強壯的犀牛叔叔

把我從病房推去手術室了。

哇，手術室是很大的一個房間啊，

裏面還有很多儀器呢！

在手術室內，鹿護士送我粉藍色車車貼紙，
Dr. Sprint便在我手背種了一個鹽水豆，
因為早前塗上的那個神奇藥膏，
所以一點也不痛呢！

Dr. Sprint 給了我一個波波，

他叫我用力把它吹脹。

一下……

兩下……

三…… 下……

……之後我就醒來了。

咦?手術已完成啦?

我的左手還打了一個石膏!

剛才發生了甚麼事啊?

隔天我便可以出院了。

因為我是用右手寫字的，

而石膏打在我的左手，

所以做功課難不倒我呢！

缺席了兩天後，

我急不及待回校上課。

同學們都對我的石膏很有興趣，

大家還合作在石膏上畫畫呢！

六個星期後的一次覆診，

Dr. Dumo 告訴我骨折已經癒合，

斑馬石膏師傅替我把石膏移除。

我還有點不捨得啊！

Dr. Dumo 技巧純熟地把兩枝鋼針拔了出來。

感覺好像被螞蟻咬了一口，

但是那一點點兒的痛嚇不倒我的！

Dr. Dumo 還建議我回家後要盡量活動關節，

才不會那麼僵硬。

好啦，公園！馬騮架！

沒見大家一段時間，

我終於回來了！

吸取這次教訓過後，

我會變得更小心了！

不過……

聽着啦大家！

森森仍然是那個甚麼都不怕的

勇！敢！超！人！

兒科部門
department of paediatrics

大家好，我是苗苗，快七歲了。

我最喜歡小動物！

我的家裏有很多寵物喔！

我的家有……

五尾金魚……

四隻貓咪……

一隻小狗……

兩隻鸚鵡……

三隻兔仔……

還有很多很多毛公仔!

有一天,

我突然間咳得很厲害,

還感覺到氣喘,呼吸有困難……

爸爸馬上帶了我去醫院，

我見到豬豬兒科醫生 Dr. Jubi。

她替我檢查身體，

還用聽筒聽了我的呼吸聲。

我告訴 Dr. Jubi，

自小我和爸爸都有晚上咳嗽這個問題，

而且我經常皮膚痕癢，

情況好像還越來越嚴重了。

Dr.Jubi 問我，
你知道甚麼是哮喘嗎？
哮喘是一種支氣管
過敏的毛病。

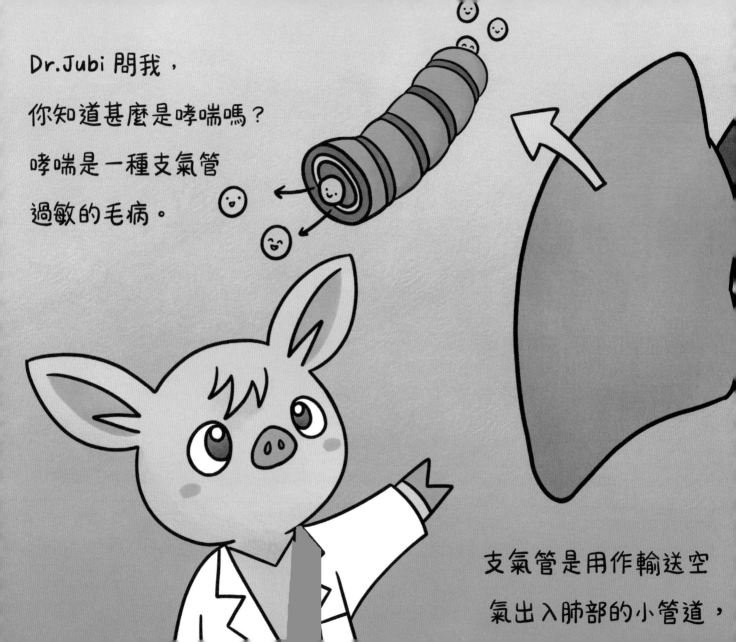

支氣管是用作輸送空
氣出入肺部的小管道，

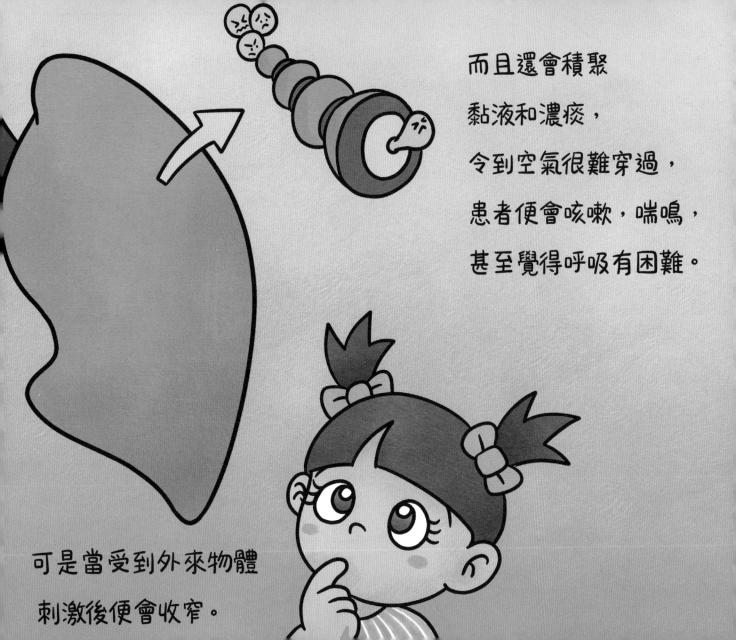

而且還會積聚
黏液和濃痰，
令到空氣很難穿過，
患者便會咳嗽，喘鳴，
甚至覺得呼吸有困難。

可是當受到外來物體
刺激後便會收窄。

Dr.Jubi 建議我留院接受治療，

她在我手背打了一粒鹽水豆，

白兔護士便經這粒鹽水豆為我注射藥物。

他們還教懂我怎樣用支氣管擴張噴霧器，
每當感到氣喘時應該如何正確地使用。
Dr. Jubi 每天早上都來看我，
還告訴我情況正在好轉呢！

我差不多完全康復了！

爸爸讓我用視像見見家裏那些毛小孩們，

他們好像都很掛念我呢，

讓我開心得哈哈大笑！

出院那一天，

白兔護士替我把鹽水豆拔出來，

臨走前Dr. Jubi 給了我一些任務，

可以預防哮喘發作……

首先，

毛公仔要送給表弟表妹們，

和一些有需要的小朋友。

而我自己可選擇最喜歡的兩隻留下，

還要定時用温水替他們洗澡。

至於寵物呢，
我們一家要合作，
經常替他們梳洗，
除去多餘的毛髮。

而且要保持家居清潔，每天吸塵和拖地，
床單，枕頭套等等
要經常更換。

記住，寵物是我們的家人，

是一生一世的家人，

無論如何都不會放棄牠們的！

小兒外科部門
department of paediatric surgery

大家好，我是希希，剛升小一。

我是一名好靜的小男孩，

平時除了愛看書外，還有一個興趣……

就是演奏色士風！我很喜歡這個樂器喔。

在學校裏，我可能是少數懂得演奏這種樂器的小朋友之一。

那天，學校爵士樂隊正在應徵新成員，

有很多同學都去參加，

可是我不敢去……

因為上色士風課的時候發現，

每逢我用力吹奏，

肚臍便會凸出來，

多怪相啊！

上體育課做運動的時候，

肚臍都會凸出來。

我很怕會被同學見到，

這個令我變得很沒自信。

還有我哭的時候，

捧腹大笑的時候，

咳嗽、擤鼻涕的時候，

肚臍都會凸出來，

天啊，就連大便的時候，

肚臍都會凸出來啊！

到底為甚麼會這樣？
是否我肚子裏有
一群小精靈在作怪呢？
我開始很擔心了。

我從書櫃裏的參考書
找了很久很久，
但是仍然找不到答案。
媽媽說，
她要帶我去見醫生了。

我見了黑猩猩小兒外科醫生 Dr. Congo。
我躺在床上給他檢查並咳了一聲，
給他看見我那凸了出來的肚臍。

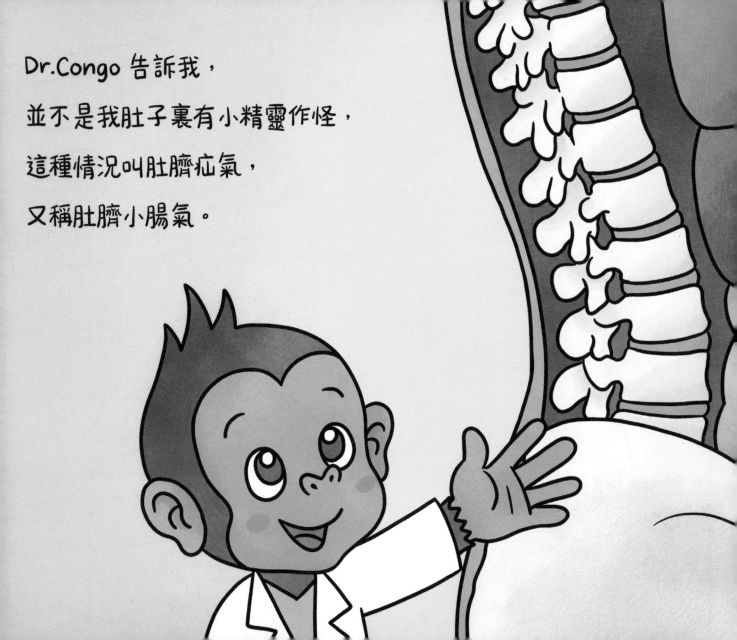

Dr.Congo 告訴我，

並不是我肚子裏有小精靈作怪，

這種情況叫肚臍疝氣，

又稱肚臍小腸氣。

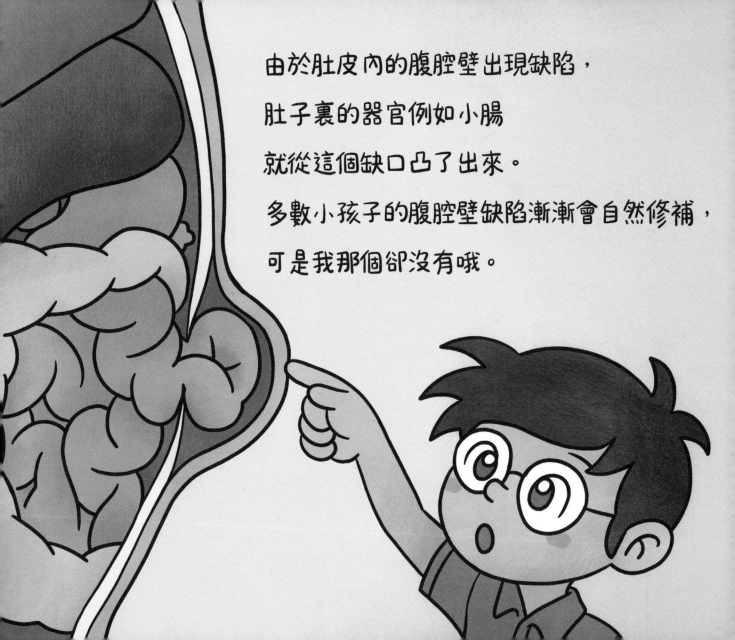

由於肚皮內的腹腔壁出現缺陷，
肚子裏的器官例如小腸
就從這個缺口凸了出來。
多數小孩子的腹腔壁缺陷漸漸會自然修補，
可是我那個卻沒有哦。

Dr. Congo為我安排了
外科疝氣修補手術。
住了數天醫院，
術後，我的肚臍再也沒有凸出來了！

我也因此重拾自信，
當然我的首要目標就是……

加入爵士樂隊！

我們經常外出上台表演，很厲害的！

哈！我有信心，

長大後我一定會成為很出色的音樂家！

腫瘤科部門
department of oncology

大家好，我叫濚濚，快升小六了。

別以為足球是男孩子的專利！

我可是一名熱血足球員！

俗諺有云：「一分耕耘，一分收穫」

自小我每個星期都勤力地練習踢足球。

所以我便成功入選了校隊的正選前鋒，
每一季學界體育節都會見到我出場！

有一次和友校踢友誼賽，

我不小心扭傷了左膝。

很痛，不能繼續踢了，

我只好在場邊休息為隊友打氣。

過了兩三個星期，

我的左膝仍然很痛，

痛得令我走路都有困難，

而且還好像越來越紅腫。

媽媽認為我不只是扭傷，

可能有更加嚴重的問題，

所以便帶我去見我的家庭醫生。

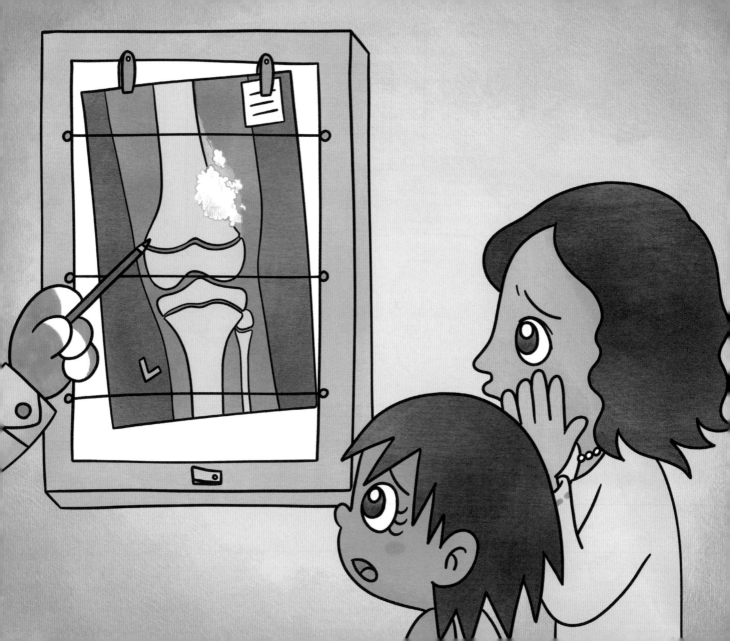

照過X光後，

發現我的骨頭裏有個很可怕的影子！

這個應該和我那次扭傷無關的。

所以家庭醫生很擔心，

立刻轉介了我去見專科醫生。

所以，媽媽帶了我去見
獅子骨腫瘤科醫生Dr. Kili。
他為我的左膝作詳細的檢查。

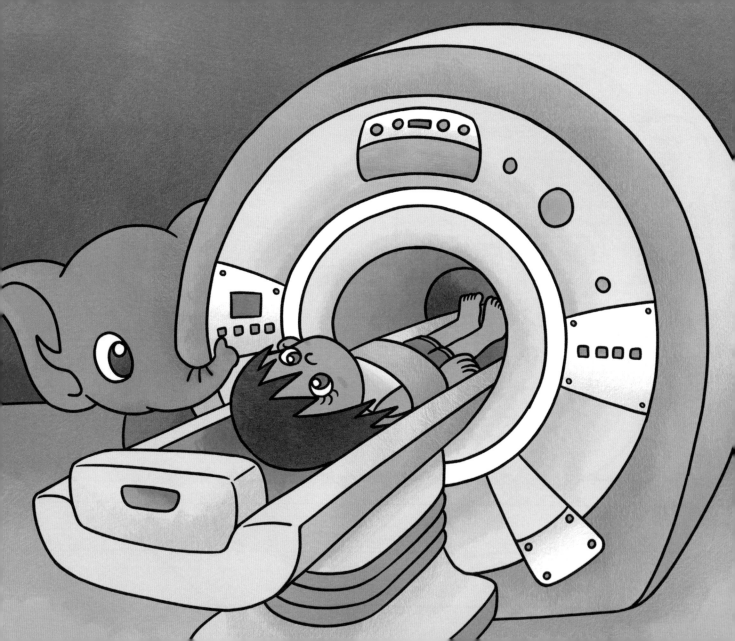

Dr. Kili 還給我安排了磁力共振。
我進入了一條很黑很黑的隧道，
聽着「砰砰，砰砰」的聲音，
整個過程接近二十分鐘啊。

還要抽組織化驗！

刺針那一刻真的有點痛......

不過我非常之合作，沒有亂動，

最後成功抽到足夠的組織。

Dr. Kili 看着我多份報告，

終於有個確實診斷了！

原來我左股骨末端生了

骨肉瘤！

骨肉瘤是一種原發性惡性骨腫瘤，

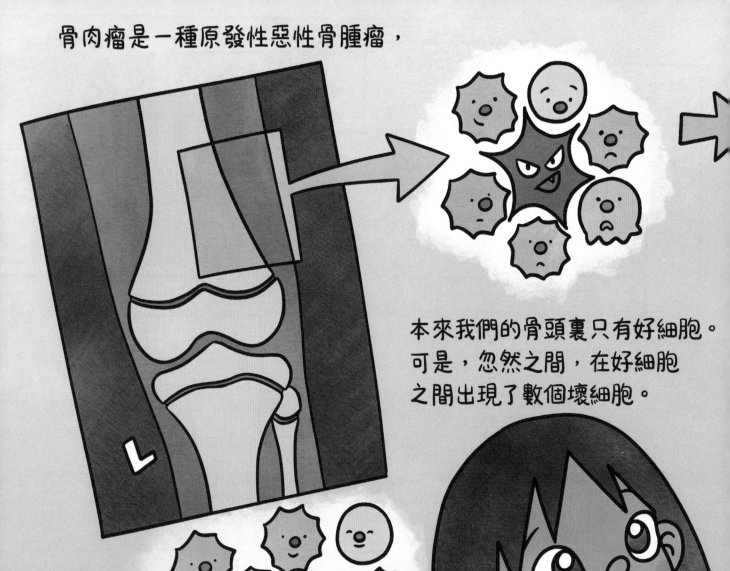

本來我們的骨頭裏只有好細胞。
可是，忽然之間，在好細胞
之間出現了數個壞細胞。

壞細胞就這樣不停地增生，
到最後，連骨頭都壞了起來！

聽着聽着，我越來越擔心。

我是否以後不能踢足球？

我是否會死？

Dr. Kili 和我勾手指尾，

說這是一場漫長的球賽，

大家要一起努力才會勝出。

Dr. Kili 為我安排了去約見

雪豹兒童腫瘤科醫生 Dr. Lumi。

她向媽媽解釋我接下來數個星期的治療方案。

好像是叫做化療的東西......

我被安排了入兒童癌症病房，

那裏有很多和我年紀相若的小朋友啊！

他們雖然有各式各樣的癌病，

但都是我今場漫長球賽的隊友！

大家一起加油努力！

Dr. Lumi 首先為我打了一粒鹽水豆，

用作注射藥物，

還抽了數樽血去化驗……

今次糟了，

這數個星期是否天天都要這樣？

並不是的，

因為後來醫生替我植入了靜脈導管，

化療注射和抽血

都可以經這個導管進行！

雖然不用再天天被針刺痛，

可是化療的副作用很辛苦啊，

尤其是頭暈嘔吐！

還有一件很奇怪的事，

就是漸漸地，

我不知道我的頭髮去了哪兒……

但是不用怕喔！

因為媽媽買了很有型的頭巾給我，

我可以每天戴着呀！

化療進行了兩個多月，反應很好。

Dr. Kili 已經有我的手術全盤計劃。

還把我的骨頭和腫瘤一起３Ｄ列印了

模型，向我解釋手術程序。

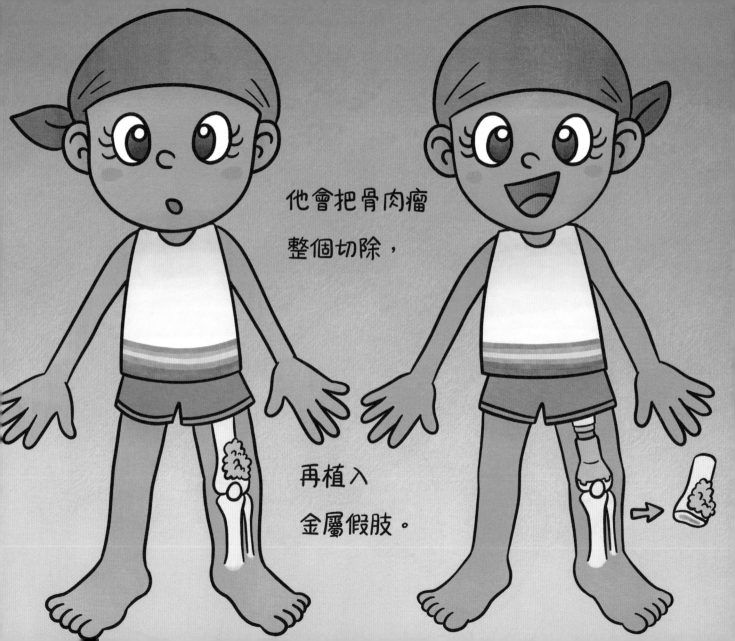

他會把骨肉瘤
整個切除，

再植入
金屬假肢。

手術那一天來臨了。

我一大清早便進了手術室，

醫生護士們都非常友善，

一直安撫我不用害怕。

黃昏時我在病床醒了起來，

見到我的左膝已包住了大大的繃帶！

接下來我得加倍努力了！

首先我還有四個多月的化療，

而且我要每天進行物理治療，

即是好像一個嬰兒般，

從頭學習走路。

一步一步，

一級一級，

努力的練習。

大半年後，

我的療程終於完成了！

而且我的頭髮也長回來了！

所有報告結果都很滿意，

Dr. Kili 和 Dr. Lumi 都為我的勝利而鼓掌！

太好了！

我急不及待回到球場找我的足球隊友啊！

我校的足球隊

於今季學界足球聯賽勝出了！

我真的為他們感到多麼自豪呀！

可是他們好像對我的回歸更感興奮！

我的足球隊友們說，

雖然今個球季我不能與他們並肩作戰，

但是我勇敢地戰勝骨肉瘤細胞，

所以我就是全世界最棒的足球員！

人生就是一場又一場的球賽，
勇敢面對最終就會勝利！

精神科部門
department of psychiatry

大家好，我是德德，今年七歲。

很多人都說我很頑皮，

不過你可以先細心聆聽我的故事嗎？

很多人都很害怕昆蟲，
但是我並不害怕，
反而很喜歡！

每逢夏天，
我都會到家附近的公園
去研究各式各樣的昆蟲！

我的房間放置了很多不同的昆蟲模型，
都是我多年來很用心砌出來的！
有一次表弟把我至愛的糞金龜模型跌破，
氣得我七竅生煙，火冒三丈。

至於在學校裏，我找不到如昆蟲般能令
我提起興趣的東西，所以我不知道我
可以把注意力集中在哪兒……

同學們都覺得我是野人一個：

打斷同學說話，

爬上桌面，爬入桌底，

總之他們說，有我的出現，

整個世界就會變得凌亂不堪。

至於每當要排隊的時候，

我都比較欠缺耐性，

其實我不是故意插隊，

只是一時心急而已......

可是老師不明白，

每次都會要我罰站。

同學們又會藉機取笑我，

叫我傻瓜......

那天，美術老師給我們一張空白畫紙，

要求我們自己靜靜地完成一幅自畫像。

可是我的興趣不是畫畫喔！為甚麼我要畫呢？

我便開始看看窗外漂亮的風景，

或是想像自己參與蜻蜓大遷徙⋯⋯

突然間，我聽到了一聲「笨蛋」。

一定是坐在後面的臻臻又取笑我！

我立刻生氣的衝過去教訓他！

被老師發現後，他馬上約見了爸爸，

更建議我去看看醫生。

爸爸帶了我去見長頸鹿精神科醫生Dr. Zafari。

她很熱烈又友善地
跟我打招呼，

可是，我的焦點在她
這個有趣的會診室呀⋯⋯

159

幸好爸爸帶了昆蟲模型給我，

我便乖乖的坐在一旁玩，

好讓 Dr. Zafari 可以先和他們談談。

接着 Dr. Zafari 便和我談話。

我把我的經歷告訴她後，

她竟然說我並不是頑皮，

而是比較特殊，

專注力和行為方面都需要她的協助。

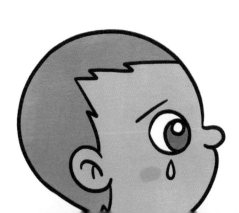

為提升注意力，

我要定時吃粒「乖乖藥」。

爸爸還為我定了一個時間表，

當我專心完成我的功課，

我便得到一張可愛的昆蟲貼紙，

之後我便可以去玩啦！

從此，我在學校的表現大大改善了，

以前討厭我的同學現在都想和我做朋友呢！

除此之外，還有一樣很重要的東西……

我加入了少年棒球隊!

每星期我都定時去練習和比賽,

不但發掘了自己在這方面

的興趣和才華,

改善我的專注力和自信心,

還令我有足夠的運動

去釋放我無盡的精力!

這樣，我做功課比以前專心得多了。

以前說我頑皮的人自此都對我刮目相看了！

婦產科部門
department of obstetrics and gynaecology →

大家好，我是喬喬，今年八歲。
年紀小小的我對烹飪很有興趣，
而我最拿手就是焗曲奇餅！

焗曲奇餅有很多個步驟的，

我每一個步驟都會用心做好。

首先要把各樣材料攪拌在一起成為麵糰，

再把麵糰壓成薄片，

最後用刀模切出不同形狀！

媽媽之後便會替我把曲奇放進焗爐，

烘焙一段時間之後，

我便可以用糖霜裝飾曲奇了！

我最喜歡和媽媽

在廚房一起弄東西吃了！

有段時間，

我見到媽媽好像經常都不舒服。

而且很久沒有和我一起弄東西吃，

只是買外賣回家，吃完就很快回房間睡覺。

我很擔心呀，媽媽是否生病了？

我還發現媽媽的肚子

好像一日比一日大。

我輕輕按下去問媽媽痛不痛，

她説不痛。

媽媽是否生了甚麼怪病呀？

媽媽笑了一笑，

説明天給我知道答案。

我們去了北極熊婦產科醫生 Dr. Frost 的診所。

他先在媽媽的肚皮上塗上點透明啫喱，再用一個儀器檢查。

「撲通、撲通……」

「聽到嗎？這是弟弟的心跳聲啊！」

弟弟？？？

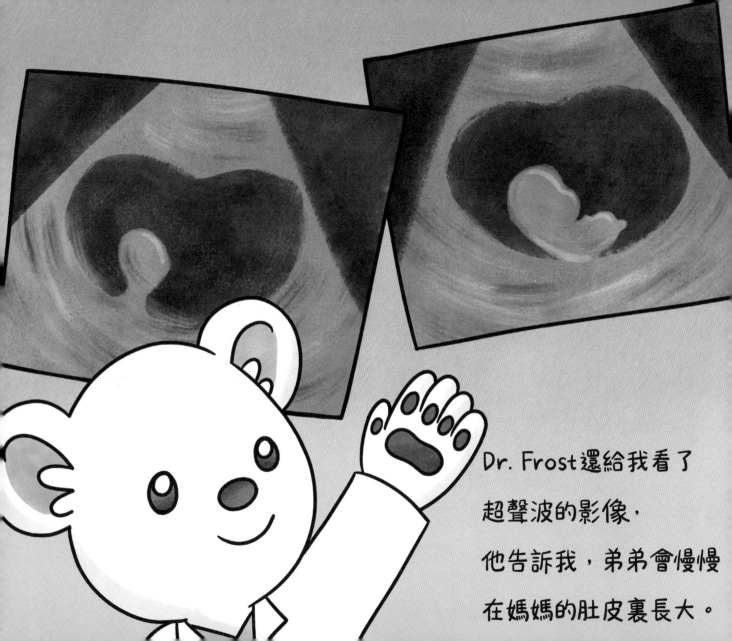

Dr. Frost還給我看了
超聲波的影像,
他告訴我,弟弟會慢慢
在媽媽的肚皮裏長大。

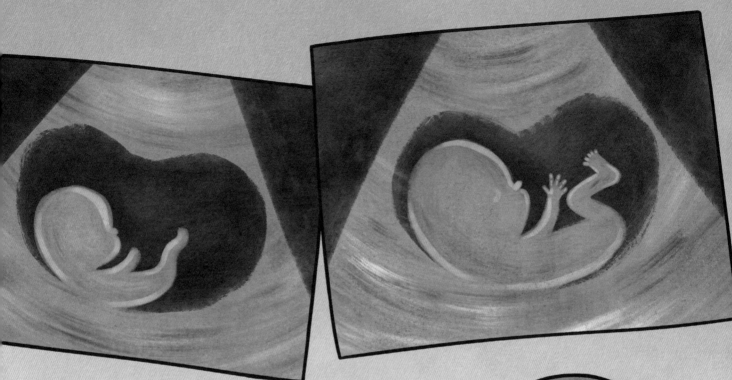

他會一天比一天更像一個人類的嬰兒，
漸漸地，我們會更清楚見到他的樣貌，
還有他的手手和腳腳，
超聲波可以觀察着他的成長。

好吧！為了迎接弟弟出世，
我借了一本關於
烹製嬰兒食物的烹飪書，
嘗試跟着食譜製作弟弟的食物。
我還會在跟媽媽覆診時看啊！
Dr. Frost 説，
弟弟一定會很期待的！

再過了數個月，

媽媽的肚子已經變得很大很大啊。

Dr. Frost 用一個實時立體超聲波為媽媽掃描，

我見到弟弟和我揮手呀！

哈囉，弟弟！

我們很快見面了！

弟弟出生那一天，

我和爸爸一起在產房外等候。

沒多久後，護士邀請我們進入病房。

弟弟胖嘟嘟的很可愛啊！

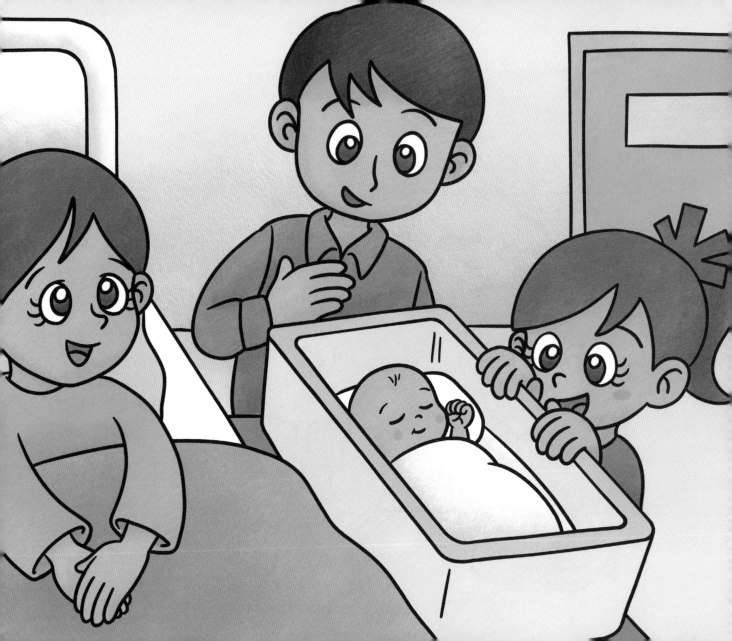

剛出世的弟弟還只是飲奶的，

很快過了數個月，

弟弟終於開始可以試食其他食物啦！

我每天都用不同的材料

製作不同的有營養的大餐給他，

他看來也很喜歡吃喔！

當弟弟長了牙齒之後，

又可以吃固體食物時，

我便讓他一嘗我最拿手的曲奇餅！

結
afterword

繪畫這本書的過程很開心，
完成了亦覺得非常之感動！
從來都不敢想像自己原來有能力和耐性
去完成這樣的一本繪本。
除了每一頁的插畫之外，
還要手寫每一頁的字！
我想藉此機會
感謝我身邊的每一位
在這段時間對我的耐性與包容，
還衷心感激
由第一頁開始
用心讀到這裏的你。

Lucia Liyung

二〇二〇年十二月

特別鳴謝
my heartfelt thanks to:

(排名不分先後)

許卓敏醫生 （麻醉科醫生）

許雍庭醫生 （麻醉科醫生）

梁詩彥醫生 （兒科醫生）

林己思醫生 （兒科醫生）

徐紹恩醫生 （小兒外科醫生）

潘雲平醫生 （精神科醫生）

尹曦樂醫生 （婦產科醫生）

這繪本能夠順利完成
有賴各位給予的寶貴意見！
謝謝大家！

書　　名　　醫院小夥伴
作者 / 插畫　　李揚立之
責任編輯　　郭坤輝
美術編輯　　郭志民
出　　版　　小天地出版社（天地圖書附屬公司）
　　　　　　香港黃竹坑道46號新興工業大廈11樓（總寫字樓）
　　　　　　電話：2528 3671　傳真：2865 2609

　　　　　　香港灣仔莊士敦道30號地庫（門市部）
　　　　　　電話：2865 0708　傳真：2861 1541

印　　刷　　亨泰印刷有限公司
　　　　　　柴灣利眾街27號德景工業大廈10字樓
　　　　　　電話：2896 3687　傳真：2558 1902

發　　行　　聯合新零售（香港）有限公司
　　　　　　香港新界荃灣德士古道220-248號荃灣工業中心16樓
　　　　　　電話：2150 2100　傳真：2407 3062

出版日期　　2020年12月 / 初版・香港
　　　　　　2022年6月 / 第三版・香港